AF735903

Regeln für die Bewertung und Prüfung von elektrischen Maschinen

(R. E. M. 1923)

Sonderabdruck aus

Vorschriften und Normen des VDE

11. Auflage.

Springer-Verlag Berlin Heidelberg GmbH 1923

ISBN 978-3-662-33473-7 ISBN 978-3-662-33871-1 (eBook)
DOI 10.1007/978-3-662-33871-1
Softcover reprint of the hardcover 11th edition 1923

Springer-Verlag Berlin Heidelberg GmbH

Vorschriften und Normen des Verbandes Deutscher Elektrotechniker

Herausgegeben
vom
Generalsekretariat des
Verbandes Deutscher Elektrotechniker

11. Auflage

Nach dem Stande am 31. Dezember 1922
Gebunden Grundzahl 6,5

Regeln für die Bewertung und Prüfung von elektrischen Maschinen. REM/1923.*)

Einteilung.

I.

Gültigkeit.

§ 1. Geltungstermin.

Diese Regeln gelten für Maschinen, deren Herstellung nach dem 1. Januar 1923 begonnen wird.

§ 2. Gültigkeit.

Diese Regeln gelten allgemein. Abweichungen hiervon sind ausdrücklich zu vereinbaren. Die Vorschriften über die Schilder müssen jedoch immer erfüllt sein.

§ 3. Geltungsbereich.

Diese Regeln gelten für die nachstehend angeführten Arten von umlaufenden Maschinen — außer Bahn- und

*) Angenommen auf der Jahresversammlung 1922. Veröffentlicht: ETZ 1922 S. 657 u. 1442. Vorher hat eine andere mehrfach geänderte Fassung der Maschinennormen bestanden. Über die Entwicklung gibt nachstehende Tafel Aufschluß.

Fassung:	Beschlossen:	Gültig ab:	Veröffentl. ETZ:
Erste Fassung	28. 6. 01	1. 7. 01	01 S. 798
Erste Änderung	13. 6. 02	1. 7. 02	02 S. 764
Zweite Änderung	8. 6. 03	1. 7. 03	03 S. 684
Dritte Änderung	7. 6. 07	1. 7. 07	07 S. 826
Vierte Änderung	3. 6. 09	1. 1. 10	09 S. 788
Zweite Fassung	19. 6. 13	1. 7. 14	13 S. 1038
Dritte	17. 10. 22	1. 1. 23	22 S. 657 u. 1442

anderen Fahrzeugmotoren — sowie Maschinensätzen, die aus solchen bestehen;

1. Gleichstromgeneratoren und -motoren,
2. Synchrongeneratoren, -motoren und -phasenschieber,
3. Einankerumformer,
4. Kaskadenumformer,
5. Asynchronmotoren und -generatoren sowie -umformer,
6. Wechselstrom-Kommutatormaschinen.

II.

Begriffserklärungen.

§ 4. Bestandteile.

Ständer ist der feststehende Teil, Läufer der umlaufende Teil der Maschine.

Anker ist der Teil der Maschine, in dessen Wicklungen durch Umlauf in einem magnetischen Felde oder durch Umlauf eines magnetischen Feldes elektrische Spannungen erzeugt werden. Bei Asynchronmaschinen wird zwischen Primär- und Sekundäranker unterschieden.

Sofern nicht anders angegeben, wird in den folgenden Bestimmungen vorausgesetzt, daß der Ständer den Primäranker, der Läufer den Sekundäranker bildet.

§ 5. Stromarten.

Der Ausdruck Wechselstrom umfaßt sowohl Einphasen- als auch Mehrphasenstrom.

Drehstrom ist verketteter Dreiphasenstrom.

§ 6. Nennbetrieb.

Der Nennbetrieb ist gekennzeichnet durch die Größen, die auf dem Schild genannt sind und für die die Maschine gebaut ist. Diese Größen, und die aus ihnen abgeleiteten, werden durch den Zusatz „Nenn-“ gekennzeichnet (Nennleistung, Nennspannung, Nennstrom, Nennfrequenz, Nenndrehzahl, Nennleistungsfaktor usw).

§ 7. Spannung und Strom.

Spannungs- und Stromangaben bei Wechselstrom bedeuten Effektivwerte.

Sofern nicht anders angegeben, bedeuten Spannungsangaben bei Drehstrom die verkettete Spannung.

Läuferspannung bei Asynchronmaschinen mit umlaufenden Sekundäranker ist die in der offenen Sekundärwicklung im Stillstand bei offenem Stromkreise auftretende Spannung zwischen zwei Schleifringen.

Läuferstrom bei Asynchronmaschinen mit umlaufendem Sekundäranker ist der bei Nennbetrieb auftretende Schleifringstrom.

Durchmesserspannung bei geschlossenen Gleichstromwicklungen ist die Wechselspannung zwischen zwei um eine Polteilung entfernten Punkten der Wicklung.

§ 8. Arbeitsweise.

Generator (Stromerzeuger) ist eine umlaufende Maschine, die mechanische in elektrische Leistung verwandelt.

Motor ist eine umlaufende Maschine, die elektrische in mechanische Leistung verwandelt.

Umformer ist eine umlaufende Maschine oder ein Maschinensatz zur Umwandlung elektrischer Leistung in elektrische Leistung.

Einankerumformer ist ein Umformer, in dem die Umwandlung in einem Anker stattfindet.

Kaskadenumformer ist ein zur Umformung dienender Maschinensatz, der aus Asynchron- und Gleichstrommaschine mit elektrisch und mechanisch gekuppelten Läufern besteht.

Motorgenerator ist ein zur Umformung dienender Maschinensatz, der aus je einem oder mehreren direkt gekuppelten Motoren und Generatoren besteht.

Sofern nicht anders angegeben, wird in den folgenden Bestimmungen die Arbeitsweise Wechselstrom-Gleichstrom vorausgesetzt.

§ 9. Normale Nennspannungen.

Normale Nennspannungen in Volt sind für Maschinen:

Gleichstrom			Drehstrom 50 Per/s			Einphasenstrom $16\frac{2}{3}$ Per/s		
Normale Betriebsspannung nach DI NORM 196	Nennspannung für Generatoren	Nennspannung für Motoren	Normale Betriebsspannung nach DI NORM 196	Nennspannung für Generatoren	Nennspannung für Motoren	Normale Betriebsspannung nach DI NORM 196	Nennspannung für Generatoren	Nennspannung für Motoren
110	115	110	125	130	125	220	—	220
220	230	220	220	230	220	380	—	—
440	460	440	380	400	380	6000	6000	6000
—	—	—	500	525	500	15000	15750	15000
—	—	—	3000	3150	3000	—	—	—
—	—	—	5000	5250	5000	—	—	—
—	—	—	6000	6300	6000	—	—	—
—	—	—	10000	10500	10000	—	—	—
—	—	—	15000	15750	15000	—	—	—

Für Gleichstrom-Bahngeneratoren 600, 825 und 1200 V. (siehe auch § 65).

§ 10. Normale Drehzahlen.

Für Wechselstrommaschinen sind für 50 Per/s folgende Polzahlen und synchrone Drehzahlen normal:

Polzahl	Drehzahl	Polzahl	Drehzahl
2	3000	*28*	*214*
4	1500	32	188
6	1000	*36*	*167*
8	750	40	150
10	600	48	125
12	500	*56*	*107*
16	375	64	94
20	300	*72*	*83*
24	250	80	75

Für Gleichstrommaschinen gelten so weit als möglich die gleichen Drehzahlen.

Die schräg gedruckten Werte sind, wenn möglich, zu vermeiden.

§ 11. Leistung.

Abgabe ist die abgegebene Leistung an den Klemmen bei Generatoren, an der Welle bei Motoren und an den Sekundärklemmen bei Umformern.

Aufnahme ist die aufgenommene Leistung an der Welle bei Generatoren, an den Klemmen bei Motoren und an den Primärklemmen bei Umformern.

Die Einheit der Leistung ist das Kilowatt (kW) oder Watt (W).

§ 12. Leistungsfaktor.

Leistungsfaktor ($\cos \varphi$) ist das Verhältnis von Leistung (in kW oder W) zu scheinbarer Leistung (in kVA oder VA).

§ 13. Wirkungsgrad.

Wirkungsgrad einer Maschine ist das Verhältnis von Abgabe zur Aufnahme.

§ 14. Kurvenform.

Eine Spannungswelle gilt als praktisch sinusförmig, wenn keiner ihrer Augenblickswerte *a* vom Augen-

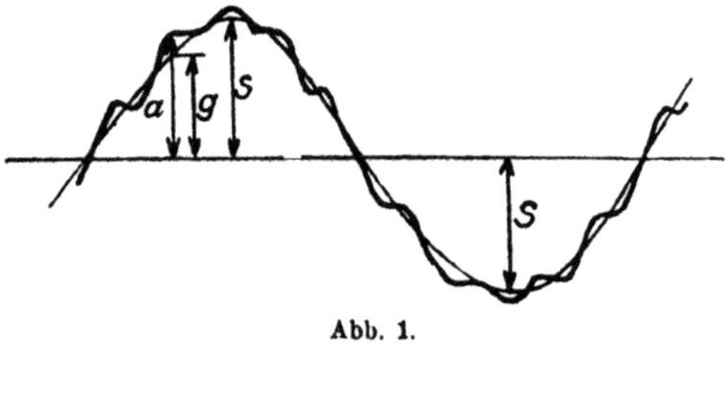

Abb. 1.

blickswerte gleicher Phase der Grundwelle g (1. Harmonische) um mehr als 5% des Grundwellenscheitelwertes S abweicht.

Zur Bestimmung der Grundwelle sollen mindestens 12 Punkte der Spannungskurve benutzt werden. Für Kurven, die in allen Viertelperioden symmetrisch sind, ist dann

$$S = \frac{a_0 + \sqrt{3}\,a_1 + a_2}{3}$$

wobei a_0 der größte, a_1 und a_2 benachbarte Augenblickswerte sind, die von ersteren um $^1/_{12}$ und $^2/_{12}$ der Periode entfernt sind.

§ 15. Symmetrie von Mehrphasensystemen.

Ein Mehrphasenstrom- oder -spannungssystem gilt als symmetrisch, wenn das gegenläufige System nicht mehr als 5% vom rechtläufigen System beträgt.

Jedes unsymmetrische Drehstromsystem a, b, c läßt sich leicht in ein symmetrisches rechtläufiges System a', b', c' und ein symmetrisches gegenläufiges System a'', b'', c'' zerlegen. Umklappen der unsymmetrischen Spannungsvektoren um 120° nach außen, entsprechend der linken Abbildung, liefert die rechtsläufige Spannung. Umklappen nach innen, entsprechend der rechten Abbildung, liefert die gegenläufige Spannung, beide in dreifacher Größe.

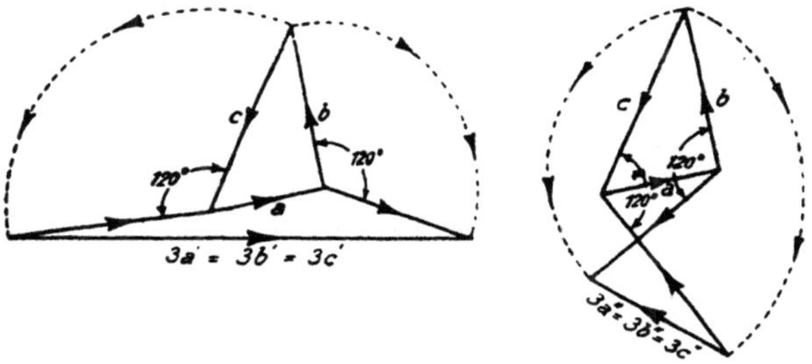

Abb. 2.

Das gegenläufige Spannungssystem erzeugt in fast allen Wechselstrommaschinen zusätzliche Ströme, die erhebliche Zusatzverluste und Bremsmomente bewirken können.

§ 16. Erregung.

Es werden unterschieden:

Selbsterregung, d. i. Erregung einer Maschine durch von ihr selbst erzeugten Strom,

Eigenerregung, d. i. Erregung einer Maschine durch eine mit ihr unmittelbar oder mittelbar gekuppelte Erregermaschine, die nur diesem Zwecke dient,

Fremderregung, d. i. Erregung einer Maschine durch eine andere als die vorstehend genannten Stromquellen.

Nennerregerspannung bei Eigen- und Fremderregung ist

die auf dem Schilde der Maschine genannte Spannung, für die die Erregerwicklung bemessen ist.

§ 17. Drehzahlverhalten von Motoren.

Nach der Abhängigkeit der Drehzahl von der Abgabe werden unterschieden:

1. Motoren mit gleichbleibender Drehzahl. Die Drehzahl ist von der Leistungsabgabe unabhängig (z. B. Synchronmotoren).

2. Motoren mit Nebenschlußverhalten. Die Drehzahl ändert sich nur wenig mit zunehmender Abgabe (z. B. Gleichstrom-, Nebenschluß- und Asynchronmotoren).

   Bei kleineren Motoren kann wegen des inneren Widerstandes ein Drehzahlabfall bis zu 20% erfolgen.

3 Motoren mit Reihenschlußverhalten. Die Drehzahl fällt mit zunehmender Abgabe stark ab (z. B. Reihenschlußmotoren, Repulsionsmotoren).

4. Motoren mit mehreren Drehzahlstufen. Der Motor kann mit einigen bestimmten Drehzahlen laufen. In der Regel ist jede dieser Drehzahlen annähernd gleichbleibend im Sinne von 2. (z. B. Asynchronmotoren mit Polumschaltung).

5. Motoren mit Drehzahlregelung. Die Drehzahl kann innerhalb eines bestimmten Bereiches fein eingestellt werden. Die eingestellte Drehzahl ist entweder:

   5a) annähernd gleichbleibend im Sinne von 2. (z. B. Gleichstrom-Nebenschlußmotoren mit Feldeinstellung) oder

   5b) mit zunehmender Abgabe abfallend im Sinne von 3. (z. B. Repulsionsmotoren und Drehstrom-Serienmotoren, beide mit Bürstenverstellung).

§ 18. Kühlungsart.

Es werden unterschieden:

1. Selbstkühlung. Die Kühlluft wird durch die umlaufenden Teile der Maschine bewegt — ohne Zuhilfenahme eines besonderen Lüfters.

2. Eigenlüftung. Die Kühlluft wird durch einen am Läufer angebrachten oder von ihm angetriebenen Lüfter bewegt, der nur dem Zwecke der Lüftung dient.

3. Fremdlüftung. Die Kühlluft wird durch einen Lüfter mit eigenem Antriebsmotor bewegt.

4. Wasserkühlung. Die Maschine wird durch fließendes Wasser gekühlt.

Eine Maschine, bei der nur die Lager wassergekühlt sind, fällt nicht in diese Gruppe.

§ 19. Schutzarten für Maschinen.

a) Offene Maschinen.

1. Offene Maschinen. Die Zugänglichkeit der stromführenden und inneren umlaufenden Teile ist nicht wesentlich erschwert.

b) Geschützte Maschinen.

2. Geschützte Maschinen. Die zufällige oder fahrlässige Berührung der stromführenden und inneren umlaufenden Teile sowie das Eindringen von Fremdkörpern ist erschwert. Das Zuströmen von Kühlluft aus dem umgebenden Raume ist nicht behindert. Gegen Staub, Feuchtigkeit und Gasgehalt der Luft ist die Maschine nicht geschützt.

3. Tropfwassersichere Maschinen. Schutz nach 2; außerdem ist das Eindringen senkrecht fallender Wassertropfen verhindert.

4. Spritz- oder schwallwassersichere Maschinen. Schutz nach 2; außerdem ist das Eindringen von Wassertropfen und Wasserstrahlen aus beliebiger Richtung verhindert.

c) Geschlossene Maschinen.

5. Geschlossene Maschinen mit Rohranschluß. Die Maschine ist bis auf die Zuluft- und Abluftstutzen geschlossen, an diese sind Rohre oder andere Luftleitungen angeschlossen.

Beim Fehlen eines oder beider Rohre fällt die Maschine unter Bauart b.

6. Geschlossene Maschinen mit Mantelkühlung. Die stromführenden und inneren umlaufenden Teile sind allseitig abgeschlossen. Die Maschine wird durch Eigenbelüftung der Außenfläche gekühlt.

7. Geschlossene Maschinen mit Wasserkühlung. Die stromführenden und inneren umlaufenden Teile sind allseitig abgeschlossen. Die Maschine wird durch fließendes Wasser gekühlt.

8. Gekapselte Maschinen. Die Maschine ist allseitig abgeschlossen. Die Wärme wird lediglich durch Strahlung, Leitung und natürlichen Zug abgeführt.

Ein völlig luft- und staubdichter Abschluß findet wegen der unvermeidlichen Atmung bei 5, 6, 7 und 8 nicht statt.

d) Schlagwettergeschützte Maschinen.

9. Schlagwettergeschützte Maschinen. Die Maschine ist so gebaut, daß sie eine Explosion der in ihr Inneres gelangten schlagenden Wetter aushält und die Übertragung an die Umgebung verhindert.

10. Maschinen mit schlagwettergeschützten Schleifringen. Die Schleifringe sind in ein Gehäuse eingeschlossen, das so gebaut ist, daß es eine Explosion der in sein Inneres gelangten schlagenden Wetter aushält und die Übertragung der Explosion an die Umgebung verhindert.

Ohne besondere Angaben wird angenommen, daß der Explosionsdruck 8 at nicht übersteigt.

e) Aufstellung.

Wenn die natürliche Lüftung einer Maschine durch Aufstellung in einem zu engen Raume oder durch einen nachträglich angebrachten Schutzkasten behindert wird, so kann die Maschine dauernd nur eine geringere Leistung oder ihre Nennleistung nur kurzzeitig abgeben.

III.

Bestimmungen.

A. Allgemeines.

§ 20. Kurvenform

Die folgenden Bestimmungen gelten unter der Annahme einer praktisch sinusförmigen Wellenform der Wechselspannung. Synchronmaschinen sollen bei Leerlauf und bei Belastung auf einen induktionsfreien Widerstand eine praktisch sinusförmige Spannungswelle erzeugen.

Bei verzerrter Spannungskurve können Motoren und Umformer im allgemeinen nur den sinusförmigen Bestandteil der Spannungswelle ausnützen. Die Oberwellen erzeugen dagegen schädliche Ströme, die erhebliche Zusatzverluste, Bremsmomente und Bürstenfeuer verursachen können.

§ 21. Mehrphasensysteme.

Die folgenden Bestimmungen gelten unter der Annahme, daß das Mehrphasensystem symmetrisch ist.

§ 22. Leistungsfaktor.

Als normale Leistungsfaktoren für Generatoren gelten:

1,0, 0,80, 0,70, 0,60.

Sofern nicht anders angegeben, wird vorausgesetzt, daß der Nenn-Leistungsfaktor — bezogen auf die Nennspannung an den Klemmen der Maschine — beträgt bei

Synchrongeneratoren	**0,80**
Synchronmotoren	**1,0**
Einankerumformern	**1,0**

§ 23. Aufstellungsort.

Die folgenden Bestimmungen gelten unter der Annahme, daß der Aufstellungsort der Maschine nicht höher als 1000 m ü. M. liegt. Soll eine Maschine an einem höher als 1000 m ü. M. gelegenem Orte betrieben werden, so muß dies besonders angegeben werden.

Bei größeren Meereshöhen ändern sich Isolationsfestigkeit und Wärmeabgabe.

§ 24. Gewährleistungen.

Gewährleistungen beziehen sich auf den Nennbetrieb.

§ 25. Bürstenstellung.

Bei Maschinen mit fester Bürstenstellung wird in den folgenden Bestimmungen vorausgesetzt, daß diese der für Nennbetrieb vorgeschriebenen Bürstenstellung entspricht und während der Probe unverändert bleibt.

§ 26. Betriebswarmer Zustand.

Sofern nicht anders angegeben, beziehen sich die folgenden Bestimmungen auf den betriebswarmen Zustand, d. i. die Temperatur, die die Maschine am Ende des Probelaufs annimmt, wenn während seiner Dauer die mittlere Raum- oder Kühlmitteltemperatur 20° C betragen hat.

Wird die Endtemperatur nicht unmittelbar durch Messung festgestellt, so ist sie für die Umrechnungen mit 75° C einzusetzen.

§ 27. Prüfungen.

Die Prüfungen nach diesen Regeln sind nach Möglichkeit in den Werkstätten des Herstellers an der neuen, trockenen, betriebsfertig eingelaufenen Maschine vorzunehmen. Prüfungen am Aufstellungsorte sind besonders zu vereinbaren.

Maschinen für Eigen- oder Fremdlüftung sind mit den Vorrichtungen für diese zu prüfen.

Die Schutzart der Maschine darf für den Probelauf nicht geändert werden.

B. Betriebsarten.

§ 28. Dauerbetrieb (D B)

Bei Dauerbetrieb ist die Betriebszeit so lang, daß die dem Beharrungszustand entsprechende Endtemperatur erreicht wird.

Die Nennleistung (Dauerleistung) muß beliebig lange Zeit hindurch abgegeben werden können, Temperatur und Erwärmung dürfen hierbei die in § 39 angegebenen Grenzen nicht überschreiten; dabei müssen alle anderen Bestimmungen erfüllt werden.

§ 29. Kurzzeitiger Betrieb (KB).

Bei kurzzeitigem Betriebe ist die durch Vereinbarung bestimmte Betriebszeit kürzer als die zum Erreichen der Beharrungstemperatur erforderliche Zeit. Die Betriebspause ist lang genug, um die Abkühlung auf die Temperatur des Kühlmittels zu ermöglichen.

Die Nennleistung (Zeitleistung) muß die vereinbarte Betriebszeit hindurch abgegeben werden können, Temperatur und Erwärmung dürfen hierbei die in § 39 angegebenen Grenzen nicht überschreiten, dabei müssen alle anderen Bestimmungen erfüllt werden.

Bei Wahl der Motorgrößen muß außer der Erwärmung auch die Größe des Anzugmomentes berücksichtigt werden.

§ 30. Aussetzender Betrieb (AB).

Einschaltzeiten und stromlose Pausen wechseln ab, und die gesamte Spieldauer, die sich aus Einschaltdauer und stromloser Pause zusammensetzt, beträgt höchstens 10 min.

Der aussetzende Betrieb wird durch die relative Einschaltdauer gekennzeichnet. Relative Einschaltdauer ist das Verhältnis von Einschaltdauer zur Spieldauer.

Als normale Werte der relativen Einschaltdauer gelten 15, 25, 40 %.

Die Nennleistung (Aussetzleistung) muß bei regelmäßigem Spiel mit der angegebenen relativen Einschaltdauer beliebig lange abgegeben werden können. Temperatur und Erwärmung dürfen hierbei die in § 39 angegebenen Grenzwerte nicht überschreiten. Dabei müssen alle anderen Bestimmungen erfüllt werden.

Bei unregelmäßig verteilter Einschalt- und Spieldauer ist als relative Einschaltdauer das Verhältnis der Summe der Einschaltdauern zur Summe der Spieldauern über eine Betriebsperiode (jedoch höchstens 8 Stunden) zu betrachten. Wiederholen sich gleichartige Spiele nach einer bestimmten Zeit, so genügt die Summierung über diese Zeit.

Der aussetzende Betrieb ist meistens auch noch hinsichtlich der Belastung des Motors unregelmäßig. Bei Wahl der Motorgrößen müssen die Einflüsse der wechselnden Drehmomente der Massenbeschleunigung, der Steuerung und etwaiger Wärmebestrahlung berücksichtigt werden.

C. Erwärmung.

§ 31.

Erwärmung eines Maschinenteils ist bei Dauer- und aussetzendem Betriebe der Unterschied zwischen seiner Temperatur- und der des zutretenden Kühlmittels, bei kurzzeitigem Betriebe der Unterschied seiner Temperaturen bei Beginn und am Ende der Prüfung.

§ 32. Probelauf.

Die Erwärmungsprobe wird bei Nennbetrieb vorgenommen bzw. auf diesen bezogen. Bezüglich der Dauer gilt:

1. Maschinen für Dauerbetrieb. Der Probelauf kann bei kalter oder warmer Maschine begonnen werden. Er wird solange fortgesetzt, bis die Erwärmung nicht mehr merklich steigt, soll jedoch höchstens 10 Stunden dauern.
2. Maschinen für kurzzeitigen Betrieb. Der Probelauf wird entweder bei kalter Maschine begonnen oder wenn die Temperatur der wärmsten Wicklung um nicht mehr als 3° C. höher ist als die Temperatur des Kühlmittels. Er wird bei Ablauf der vereinbarten Betriebszeit abgebrochen.
3. Maschinen für aussetzenden Betrieb. Die Maschine wird einem regelmäßig aussetzenden Betriebe von der vereinbarten relativen Einschaltdauer unterworfen. Der Probelauf kann bei kalter oder warmer Maschine begonnen werden. Er wird solange fortgesetzt, bis die Erwärmung nicht mehr merklich steigt und nach Ablauf der Hälfte der letzten Einschaltdauer abgebrochen. Die Spieldauer beträgt 10 Minuten.

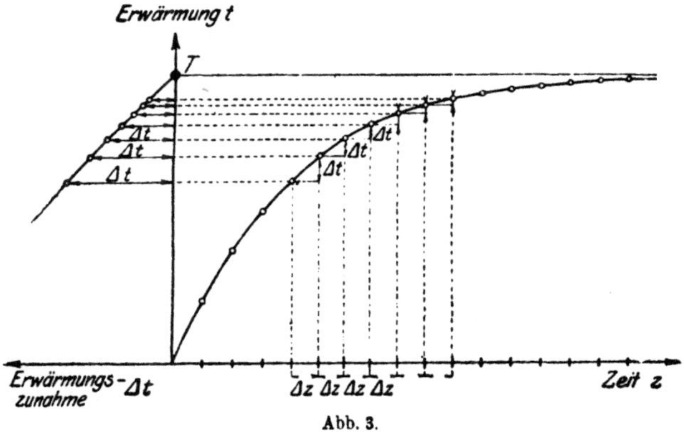

Abb. 3.

Die Erwärmung wird als nicht mehr merklich steigend betrachtet, wenn sie nicht um mehr als 2 °C in der Stunde zunimmt.

Zur Bestimmung der Enderwärmung benutzt man wenn möglich das nachstehend beschriebene Verfahren, weil die Messung der Erwärmung gegen Ende der Probe unregelmäßigen Schwankungen unterliegt.

Die Erwärmung (t) wird in gleichen Zeitabständen (Δz) gemessen und die Erwärmungszunahme (Δt) in Abhängigkeit von der Erwärmung (t) aufgetragen. Die Verlängerung der Geraden durch die so entstehende Punktschar schneidet auf der Erwärmungsachse (t) die Enderwärmung (T) ab.

Die Genauigkeit dieses Verfahrens ist mindestens so groß, wie die des fortgesetzten Erwärmungsversuches.

§ 33.

Als **Erwärmung** einer Wicklung gilt der höhere der beiden folgenden Werte:

1. Mittlere Erwärmung, errechnet aus der Widerstandszunahme.
2. Örtliche Erwärmung an der heißesten zugänglichen Stelle, gemessen mit dem Thermometer.

Wenn die Widerstandsmessung untunlich ist, so wird die Thermometermessung allein angewendet, im allgemeinen gilt das im § 39 vorgeschriebene Meßverfahren.

§ 34.

Die **Erwärmung** t in °C von Kupferwicklungen wird nach folgenden Formeln aus der **Widerstandszunahme** berechnet, in denen

T_{kalt} die Temperatur der kalten Wicklung,
R_{kalt} den Widerstand der kalten Wicklung
R_{warm} den Widerstand der warmen Wicklung

bedeutet:

1. bei Maschinen für Dauer- und aussetzenden Betrieb

$$t = \frac{R_{\text{warm}} - R_{\text{kalt}}}{R_{\text{kalt}}} (235 + T_{\text{kalt}}) - (T_{\text{Kühlmittel}} - T_{\text{kalt}})$$

2. bei Maschinen für kurzzeitigen Betrieb

$$t = \frac{R_{\text{warm}} - R_{\text{kalt}}}{R_{\text{kalt}}} (235 + T_{\text{kalt}})$$

wobei die Werte R_{kalt} und T_{kalt} für den Beginn der Prüfung gelten.

Es ist darauf zu achten, daß alle Teile der Wicklung bei der Messung von R_{kalt} dieselbe mit dem Thermometer zu messende Temperatur T_{kalt} besitzen.

Bei Maschinen für kurzzeitigen Betrieb ist die Betriebsdauer meist so kurz und die Zeitkonstante der Maschine so groß, daß der Einfluß einer Änderung der Kühlmitteltemperatur auf die Erwärmung der Maschine während der Betriebszeit nur sehr gering ist. Ihre Berücksichtigung würde daher zu größeren Fehlern führen als ihre Nichtberücksichtigung.

§ 35.

Zur Temperaturmessung mittels Thermometer sollen Quecksilber- oder Alkoholthermometer verwendet werden. Zur Messung von Oberflächentemperaturen sind auch Widerstandsspulen und Thermoelemente zulässig, doch ist im Zweifelsfalle das Quecksilber- oder Alkoholthermometer maßgebend.

Es muß für gute Wärmeübertragung von der Meßstelle auf das Thermometer gesorgt werden. Bei Messung von Oberflächentemperaturen sind Meßstelle und Thermometer gemeinsam mit einem schlechten Wärmeleiter zu bedecken.

§ 36.

Die Messung der Widerstandszunahme ist möglichst während des Probelaufs, sonst aber unmittelbar nach dem Ausschalten vorzunehmen. Der Zufluß von Kühlluft bzw. Kühlwasser ist gleichzeitig mit dem Ausschalten abzustellen. Die Auslaufzeit ist, wenn nötig, künstlich abzukürzen.

Die Thermometermessung ist nach Möglichkeit während des Probelaufs, nötigenfalls mit Maximalthermometer, jedenfalls aber nach dem Abstellen vorzunehmen. Wenn auf dem Thermometer nach dem Abstellen höhere Temperaturen abgelesen werden als während des Probelaufs, so sind die höheren maßgebend.

Ist vom Augenblick des Ausschaltens bis zu den Messungen soviel Zeit verstrichen, daß eine merkliche Abkühlung anzunehmen ist, so sollen die Temperaturen im Augenblick des Ausschaltens durch Extrapolation ermittelt werden.

§ 37. Temperatur des Kühlmittels.

Als Temperatur des Kühlmittels gilt:

1. Bei Maschinen mit Selbstkühlung oder Eigenlüftung, die die Kühlluft dem Maschinenraume entnehmen: Der Durchschnittswert der während des letzten Viertels der Versuchszeit in gleichen Zeitabschnitten gemessenen Temperatur der Umgebungsluft.

   Es sind zwei oder mehr Thermometer zu verwenden, die, in 1 bis 2 m Entfernung von der Maschine (ungefähr in Höhe der Maschinenmitte) angebracht, die mittlere Zulufttemperatur messen sollen. Die Thermometer dürfen weder Luftströmungen noch Wärmestrahlung ausgesetzt sein.

Bei großen Maschinen für versenkten Einbau ist es zulässig, die Temperatur in der Grube künstlich auf die Außentemperatur zu bringen.

2. Bei Maschinen mit Eigen- oder Fremdlüftung, denen die Kühlluft durch besondere Leitungen zuströmt, und

3. Bei Maschinen mit Wasserkühlung der Durchschnittswert der während des letzten Viertels der Versuchszeit in gleichen Zeitabschnitten am Eintrittsstutzen gemessenen Temperatur des Kühlmittels.

Findet bei solchen Maschinen auch eine nennenswerte Wärmeabgabe an die Umgebungsluft statt, so gilt als Temperatur des Kühlmittels ein Mittelwert nach der Mischungsregel:

$$T_m = \frac{T_K W_K + T_L W_L}{W_K + W_L}.$$

Hierin bedeutet:

T_L die Temperatur der Umgebungsluft.

T_K die Temperatur des anderen Kühlmittels.

W_L die Wärmeabgabe an die Umgebungsluft in kW.

W_K die Wärmeabgabe an das andere Kühlmittel in kW.

§ 38. Wärmebeständigkeit der Isolierstoffe.

Hinsichtlich ihrer Wärmebeständigkeit werden folgende Klassen von Isolierstoffen unterschieden:

I. Faserstoff ungetränkt, d. i. ungebleichte Baumwolle, natürliche Seide, Papier.

II. Faserstoff getränkt (imprägniert), d. i. ungebleichte Baumwolle, natürliche Seide und Papier, die mit einem erstarrenden oder trocknenden Isoliermittel getränkt sind.

III. Faserstoff in Füllmasse, d. i. eine Isolierung, bei der alle Hohlräume zwischen den Leitern durch Isoliermasse derartig ausgefüllt sind, daß ein massiver Querschnitt ohne Luftzwischenräume entsteht.

IV. Lack zum wärmebeständigen Überzug für Lackdraht (sogen. Emaildraht).

V. Präparate aus Glimmer und Asbest, das sind aus Glimmer und Asbestteilchen aufgebaute Präparate, deren Bindemittel und Faserstoffe Veränderungen unterliegen können, ohne die Isolierung mechanisch oder elektrisch zu beeinträchtigen.

VI. Rohglimmer, Porzellan und andere feuerfeste Stoffe.

§ 39. Grenzwerte.

Die höchstzulässigen Grenzwerte von Temperatur und Erwärmung sind nachstehend zusammengestellt (siehe Tafel auf Seite 18). Die Grenzwerte für die Erwärmung gelten unter der Voraussetzung, daß die Kühlmitteltemperatur 35 ° C nicht überschreitet.

Bei der Wahl oder Anordnung des Aufstellungsraumes ist auf die von der Maschine abgegebene Wärmemenge Rücksicht zu nehmen (vgl. auch § 19e).

Die Grenzwerte für die Temperatur gelten immer. Die Grenzwerte für die Erwärmug dürfen nur dann überschritten werden, wenn die Kühlmitteltemperatur stets so niedrig bleibt, daß die Grenztemperaturen nicht überschritten werden und über die Erfüllung dieser Voraussetzung eine Vereinbarung getroffen wird. Auf dem Schilde soll in diesem Fall außer den Größen, ein für den Sondernennbetrieb bei der vereinbarten höchsten Kühlmitteltemperatur kennzeichnend sind, auch diese Temperatur angegeben werden. Alle Bestimmungen dieser Vorschriften müssen für diesen Sondernennbetrieb erfüllt sein.

§ 40. Zweierlei Isolierungen.

Wenn für verschiedene räumlich getrennte Teile derselben Wicklung zwei oder mehrere Isolierstoffe von verschiedener Wärmebeständigkeitsklasse verwendet werden, so gilt bei Temperaturbestimmung aus der mittleren Widerstandszunahme die für den wärmebeständigeren Stoff zulässige Grenztemperatur, sofern die Thermometermessung an den weniger wärmebeständigen Stoffen keine Überschreitung der für sie zulässigen Grenztemperaturen ergibt.

§ 41. Geschichtete Stoffe.

Bei mehreren geschichteten Stoffen verschiedener Wärmebeständigkeitsklassen gilt als Grenztemperatur die des weniger wärmebeständigen, falls seine Zerstörung den Betrieb der Maschine beeinträchtigt.

Dagegen gilt als Grenztemperatur die des wärmebeständigeren Stoffes, falls die Zerstörung des weniger wärmebeständigen Stoffes den Betrieb der Maschine nicht beeinträchtigt.

Tafel zu § 39.

Spalte	I	II	III	IV	V
Reihe Nr.	Isolierung	Maschinenteil	Grenztemperatur	Grenzerwärmung	Meßverfahren
1	Faserstoff ungetränkt Klasse I	In Nuten gebettete Wechselstrom-Ständerwicklungen	75° C	40° C	Widerstandszunahme. Nachprüfung durch Thermometer (siehe § 33)
2		Alle anderen Wicklungen mit Ausnahme von Reihe 9 u. 10	85° C	50° C	
3	Faserstoff getränkt Klasse II	In Nuten gebettete Wechselstrom Ständerwicklungen	85° C	60° C	
4		Alle anderen Wicklungen mit Ausnahme von Reihe 9 u. 10	95° C	50° C	
5	Faserstoff in Füllmasse Klasse III	Alle Wicklungen mit Ausnahme von Reihe 9 u. 10	95° C	60° C	
6	Lackisolierung (Lackdraht) Klasse IV	Alle Wicklungen mit Ausnahme von Reihe 9 u. 10	95° C	60° C	
7	Glimmer und Asbestpräparate Klasse V	Alle Wicklungen mit Ausnahme von Reihe 9 u. 10	115° C	80° C	
8	Rohglimmer, Porzellan und feuerfeste Stoffe Klasse VI	Alle Wicklungen mit Ausnahme von Reihe 9 u. 10	Nur beschränkt durch den Einfluß auf benachbarte Isolierteile		
9	Isolierung Klasse I bis VI	Einlagige blanke Feldwicklungen mit Papier-Zwischenlagen	100° C	65° C	
10		Dauernd kurzgeschlossene Wicklungen	5° mehr als Reihe 1 bis 7		
11	unisoliert	Dauernd kurzgeschlossene Wicklungen	Nur beschränkt durch den Einfluß auf benachbarte Isolierteile		Thermometer
12	—	Eisenkern ohne eingebettete Wicklungen			
13	—	Eisenkern mit eingebetteten Wicklungen	Wie Reihe 1 bis 7		
14	—	Kommutator und Schleifringe	95° C	60° C	
15	—	Lager	80° C	45° C	
16	—	Alle anderen Teile	Nur beschränkt durch den Einfluß auf benachbarte Isolierteile		

D. Überlastung, Kommutierung, Anlauf.

§ 42.

Die folgenden Bestimmungen sollen nur die mechanische und elektrische Überlastbarkeit ohne Rücksicht auf Erwärmung feststellen.

§ 43. Überlastung.

Maschinen für Dauerbetrieb müssen im betriebswarmen Zustande während 2 min. den 1,5-fachen Nennstrom ohne Beschädigung oder bleibende Formänderung aushalten. Diese Prüfung ist bei Motoren und Einankerumformern bei Nennspannung durchzuführen, bei Generatoren soll die Spannung so nahe als möglich der Nennspannung gehalten werden.

Motoren müssen bei Nennspannung, Wechselstrommotoren auch bei Nennfrequenz mindestens folgende Klippmomente entwickeln können:

1. Motoren für Dauer- und kurzzeitigen Betrieb:
   Kippdrehmoment $\geq$ 1,6 $\times$ Nenndrehmoment.
2. Motoren für aussetzenden Betrieb:
   Kippdrehmoment $\geq$ 2 $\times$ Nenndrehmoment.

Ist bei Niederspannungs-Gleichstrommaschinen (Elektrolyt-Maschinen) der Kurzschlußstrom kleiner als der 1,5-fache Nennstrom, so muß dieser Kurzschlußstrom 2 min. ausgehalten werden.

Kippmoment ist das höchste Drehmoment, das ein Motor im Lauf entwickeln kann.

§ 44. Kommutierung.

Maschinen mit Kommutator müssen bei jeder Belastung von Leerlauf bis Nennleistung praktisch funkenfrei arbeiten. Bei der Überlastungsprobe nach § 43 müssen sie derart kommutieren, daß weder die Betriebsfähigkeit von Kommutator und Bürsten beeinträchtigt wird noch Rundfeuer auftritt.

Es wird vorausgesetzt, daß

1. der Kommutator in gutem Zustande ist und die Bürsten gut eingelaufen sind,
2. bei Gleichstrommaschinen ohne Wendepole die Bürstenstellung im Belastungsbereiche von 0,25 $\times$ Nennleistung bis Nennleistung ungeändert bleibt, in den anderen Belastungsbereichen jedoch geändert werden kann,
3. bei Gleichstrommaschinen mit Wendepolen die Bürstenstellung im ganzen Belastungsbereiche des Nenndrehsinnes ungeändert bleibt (vgl. § 76 und 77).

4. bei Einankerumformern, Kaskadenumformern und Kommutatormotoren die Wechselspannung praktisch sinusförmig ist.

Ein Betrieb gilt als praktisch funkenfrei, wenn Kommutator und Bürsten in betriebsfähigem Zustande bleiben.

Der wechselstromseitige Anlauf von Einankerumformern und der Anlauf von Wechselstrom-Kommutatormotoren verursacht vorübergehend stärkeres Bürstenfeuer, das aber den betriebsfähigen Zustand nicht beeinträchtigen darf.

§ 45. Anlauf.

Wechselstrommotoren sollen bei Nennspannung und Nennfrequenz mit dem zugehörigen Anlasser in jeder Läuferstellung beim Anzuge und während des ganzen Anlaufs ein Drehmoment (Anlaufmoment) entwickeln, das mindestens 0,3 × Nenndrehmoment ist.

Liegen die Antriebsbedingungen fest oder sind über sie Vereinbarungen getroffen, so sind auch kleinere Werte zulässig.

§ 46. Dauerkurzschlußstrom.

Als Dauerkurzschlußstrom eines Generators gilt der Strom, der sich bei Klemmenkurzschluß der Maschine und der dem Nennbetriebe entsprechenden Erregung einstellt.

§ 47. Stoßkurzschlußstrom.

Als Stoßkurzschlußstrom gilt der höchste Augenblickswert des Stromes, der bei plötzlichem Klemmenkurzschluß der auf Nennspannung erregten Maschine im ungünstigsten Schaltmomente auftreten kann. Synchronmaschinen sollen eine Festigkeitsprobe mit Stoßkurzschlußstrom aushalten.

Der Stoßkurzschlußstrom von Synchronmaschinen soll das 15-fache des Scheitelwertes des Nennstromes nicht überschreiten.

E. Isolierfestigkeit.

§ 48. Allgemeines.

Die Isolation soll folgenden Spannungsproben unterworfen werden:

1. Wicklungsprobe nach § 50.
2. Sprungwellenprobe für Wechselstromwicklungen über 2,5 kV nach § 51.
3. Windungsprobe nach § 52.

Die Prüfungen dürfen an der kalten Maschine vorgenommen werden, falls sie sich nicht im Anschluß an eine Dauerprobe ermöglichen lassen. Die Prüfungen sollen in der Reihenfolge 1, 2, 3 vorgenommen werden.

Betriebsmäßig nicht lösbare Verbindungen zwischen verschiedenen Wicklungen (z. B. Mehrphasenwicklungen) oder mit dem Körper brauchen nicht getrennt zu werden. Wicklungen, die betriebsmäßig nicht lösbar mit dem Körper verbunden sind, brauchen nur der Sprungwellenprobe und der Windungsprobe unterworfen zu werden.

Die Prüfungen gelten als bestanden, wenn weder Durchschlag noch Überschlag eintritt.

§ 49.

Bei Asynchronmaschinen und Synchronmaschinen mit Walzenläufer ist die Spannungsprobe 1 bei eingebautem Läufer vorzunehmen. Bei Gleichstrommaschinen und Synchronmasschinen mit Schenkelpolläufer darf sie bei ausgebautem Läufer vorgenommen werden.

§ 50. Wicklungsprobe.

Die Isolation von Wicklung gegen Wicklung und Wicklung gegen Körper wird mit einer fremden Wechselstromquelle geprüft.

Ein Pol der Stromquelle wird an die zu prüfende Wicklung, der andere an die Gesamtheit der untereinander und mit dem Körper verbundenen anderen Wicklungen gelegt.

Die Prüfspannung soll praktisch sinusförmig, ihre Frequenz soll gleich Nennfrequenz oder 50 Per/s sein. Die Spannung wird so schnell als möglich auf den in nachstehender Tafel angegebenen Wert gesteigert und dieser während 1 min innegehalten. Gleitfunken dürfen vor Überschreitung der Nennspannung um 25 % nicht auftreten.

Wird die Prüfzeit über eine Minute ausgedehnt, so soll die Prüfspannung herabgesetzt werden.

In der nachstehenden Tafel bedeutet E

1. die Nennspannung der Maschine, bei Feldwicklungen die Nenn-Erregerspannung,
2. bei leitend verbundenen Wicklungen einer oder mehrerer Maschinen die höchste gegen Körper beim Erdschluß eines Poles auftretende Spannung,
3. bei Läuferwicklungen von Ansynchronmotoren, die dauernd in einer Richtung umlaufen, die Läuferspannung und bei Umkehr-Asynchronmotoren 1,5 × Läuferspannung,
4. bei dauernd mit einem Außenpol geerdeten Maschinen 1,1 × Nennspannung.

Kurzschlußwicklungen brauchen nicht geprüft zu werden.

Der Erregerkreis von Einankerumformern und Synchronmotoren gilt als geschlossen, wenn der äußere Widerstand nicht mehr als das 10-fache des inneren beträgt.

Spalte	I	II		III	IV
Reihe	Wicklung	Bereich		Prüfspannung in Volt (der größere der Werte)	
1	Alle Wicklungen mit Ausnahme von Reihe 4 bis 7	Nennleistung kleiner als 500 Watt		$3\,E$	$2\,E + 500$
2		Nennleistung größer als 500 Watt E bis 5000 V		$3\,E$	$2\,E + 1000$
3		E über 5000 V		$2\,E + 5000$	
4	Erregerwicklungen von Einankerumformern und Synchronmotoren	mit stets geschlossenem Erregerkreise ohne oder mit Drehstromanlauf		$3\,E$	$2\,E + 1000$
5		mit für den Anlauf unterteilter Erregerwicklung ohne oder mit Drehstromanlauf		$10\,E + 1000$	2000
6		mit abschaltbarem Erregerkreise	ohne Drehstromanlauf	$10\,E + 1000$	2000
7			mit Drehstromanlauf	$20\,E + 1000$	2000

§ 51. Sprungwellenprobe.

Die Sprungwellenprobe dient dazu, festzustellen, daß die Windungsisolation gegenüber den im normalen Betriebe auftretenden Sprungwellen ausreicht. Die Prüfung soll im Fabrikprüffelde an der fertigen Maschine nach Möglichkeit in einer Schaltung, die für Synchron- und Asynchronmaschinen nachstehend dargestellt ist, vorgenommen werden.

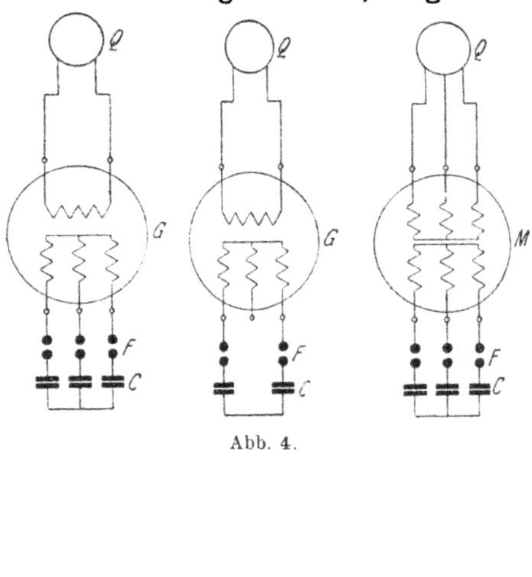

Abb. 4.

Die zu prüfende Wicklung der Maschine *G* oder *M* ist über Funkenstrecken *F* aus massiven Kupferkugeln von mindestens 50 mm Durchmesser auf Kabel oder Kondensatoren *C* **geschaltet**, deren Kapazität folgendermaßen zu bemessen ist:

Prüfkapazität.

Nennspannung in kV	Kapazität in jeder Phase mindestens μF
2,5 bis 6	0,05
bis 15	0,02
über 15	0,01

Beim Drehstromkabel ist die „Betriebskapazität" (vgl. § 5 der Definition der Eigenschaften gestreckter Leiter, „ETZ" 1909, S. 1155 und 1184. Normenbuch des VDE 1914, S. 386, in der letzten Ausgabe des Normenbuches nicht mitaufgenommen) gleich der angegebenen Kapazität zu wählen; das Kabel hat nach Abschaltung eines Leiters dann auch für die Einphasenschaltung die vorgeschriebene Kapazität.

Der Kugelabstand jeder Funkenstrecke wird für einen Überschlag bei 1,1 *E* (vgl. § 50) eingestellt. Die Maschine ist von der Stromquelle *Q* mit Gleichstrom bei normaler Drehzahl bzw. mit Drehstrom bei normaler Frequenz auf etwa das 1,3-fache der Nennspannung zu erregen. Die Funkenstrecken werden auf beliebige Weise gezündet (etwa durch vorübergehende Annäherung der Kugeln oder Überbrückung des Luftzwischenraumes) und ein Funkenspiel von 10 s Dauer aufrechterhalten. Die Funkenstrecken sind dabei mit einem Luftstrom von etwa 3 m/s Geschwindigkeit anzublasen.

Durch die Funkenüberschläge werden die Kapazitäten von der Wicklungsspannung immer wieder umgeladen, bei jeder plötzlichen Umladung zieht eine Sprungwelle in die zu prüfende Wicklung ein.

Es empfiehlt sich, alle Zwischenleitungen möglichst kurz zu halten, da bei längeren Leitungen die Beanspruchung der Wicklung nicht eindeutig bestimmt ist.

Mehrphasenmaschinen können auch in der Einphasenschaltung geprüft werden; dabei sind die Phasenklemmen so oft zu vertauschen, daß die Wicklung jeder Phase der Sprungwellenprobe ausgesetzt wird.

§ 52. Windungsprobe.

Die Windungsisolation wird im Leerlaufe durch Erhöhung der angelegten oder erzeugten Spannung (Motoren oder

Generatoren) auf die in nachstehender Tafel angegebenen Werte geprüft. Die Frequenz bzw. Drehzahl kann entsprechend erhöht werden. Die Prüfdauer beträgt 3 min.

Reihe	Wicklungsart	$\frac{\text{Prüfspannung}}{\text{Nennspannung}}$
1	Alle Wicklungen mit Ausnahme von Reihe 2	1,3
2	Mehrphasenwicklungen mit nicht lösbaren Verbindungen zwischen verschiedenen Wicklungssträngen . .	1,5

Die höhere Spannung der Reihe 2 soll ein Ersatz für die nicht durchführbare Wicklungsprobe von Strang zu Strang sein.

F. Wirkungsgrad.

§ 53. Allgemeines.

Es werden unterschieden:

1. Der direkt gemessene Wirkungsgrad. Er wird durch Messung von Abgabe und Aufnahme ermittelt.
2. Der indirekt gemessene Wirkungsgrad. Er wird aus den Verlusten, die als Unterschied von Aufnahme und Abgabe angesehen werden, ermittelt.

Bei Gewährleistungen für den Wirkungsgrad ist das Meßverfahren anzugeben.

Sofern nicht anders vereinbart, ist unter Wirkungsgrad der indirekt gemessene zu verstehen. Der direkt gemessene soll im allgemeinen nur bei solchen Maschinen oder Maschinensätzen angegeben werden, bei denen ein so beträchtlicher Unterschied zwischen Abgabe und Aufnahme besteht, daß die Meßfehler nicht ins Gewicht fallen.

Bei Generatoren und Motoren mit mehr als 80% Wirkungsgrad und bei Umformern mit mehr als 90% ist die direkte Messung unzweckmäßig, weil die wahrscheinlichen Meßfehler dann größer als die Ungenauigkeit der indirekten Messung sind.

§ 54.

Wirkungsgradangaben beziehen sich auf den Nennbetrieb, sofern nicht anders angegeben.

Voraussetzung für die nachstehend beschriebenen Prüfungen ist, daß die Maschinen gut eingelaufen sind, insbesondere Kommutator und Bürsten, und daß diese in der für Nennbetrieb vorgeschriebenen Stellung sind.

Bei Leerlaufmessungen dürfen jedoch die Bürsten in die neutrale Stellung gebracht werden.

Der direkt gemessene Wirkungsgrad bezieht sich auf den betriebswarmen Zustand.

Bei indirekter Messung sind die mit Gleichstrom gemessenen Widerstände zur Bestimmung der Stromwärmeverluste auf 75 ° C umzurechnen.

Bei den anderen Verlustmessungen ist keine Temperaturumrechnung vorzunehmen.

§ 55.

Alle Verluste in den zur Maschine allein gehörigen Hilfsgeräten — jedoch nur diese — sind bei der Ermittlung des Maschinenwirkungsgrades einzubeziehen, insbesondere:

1. die Verluste in Regel-, Vorschalt-, Justier-, Abzweig- und ähnlichen Widerständen, Drosselspulen, Hilfstransformatoren u. dgl., die zum ordnungsmäßigen Betriebe notwendig sind (vgl. jedoch 3),
2. die Verluste in der Erregermaschine bei Eigenerregung, aber nicht bei Fremderregung,
3. die Verluste in der Zusatzmaschine von Einankerumformern, wenn sie einen Bestandteil des Umformers bildet, aber nicht die Verluste in den zum Umformer gehörigen Transformatoren und Drosselspulen; diese Verluste sind getrennt anzugeben,
4. die Verluste in den mit der Maschine mitgelieferten Lagern, aber nicht in fremden Lagern,
5. der Verbrauch des Lüfters bei Eigenlüftung.

   Der Verbrauch bei Fremdlüftung sowie von Wasser- und Ölpumpen ist nicht einzubeziehen, sondern getrennt anzugeben.

§ 56.

Wird bei einem Maschinensatz, der aus zwei Maschinen oder Maschine und Transformator oder Generator und Kraftmaschine oder Motor und Arbeitsmaschine besteht, der Gesamtwirkungsgrad oder die Leistungsaufnahme angegeben, so brauchen die Einzelwirkungsgrade nicht angegeben zu werden. Wenn sie trotzdem angegeben werden, so gelten sie als angenähert.

§ 57. Direkt gemessener Wirkungsgrad.

Der direkt gemessene Wirkungsgrad wird nach einem der folgenden Verfahren ermittelt:

1. Leistungsmeßverfahren. Abgabe und Aufnahme werden mit elektrischen Meßgeräten festgestellt.
2. Bremsverfahren. Die mechanische Leistung wird

mit Bremse oder Dynamometer, die elektrische mit elektrischen Meßgeräten festgestellt.

3. Belastungsverfahren. Die mechanische Leistung wird mit einer geeichten Hilfsmaschine, die elektrische mit elektrischen Meßgeräten festgestellt.

§ 58. Indirekt gemessener Wirkungsgrad.

I. Rückarbeitsverfahren zur Messung des Gesamtverlustes. Zwei gleiche Maschinen werden mechanisch und elektrisch derart verbunden, daß sie, die eine als Generator, die andere als Motor, aufeinander arbeiten. Die Erregung wird so eingestellt, daß der Mittelwert der Abgaben gleich der Nennleistung und der Mittelwert der Spannung gleich der Nennspannung ist. Die zur Deckung der Verluste erforderliche Leistung wird elektrisch oder mechanisch oder teils elektrisch und teils mechanisch zugeführt. Diese Verlustleistung dient nach angemessener Verteilung auf beide Maschinen zur Berechnung der Wirkungsgrade.

II. Einzelverlustverfahren. Hierbei werden unterschieden:

1. Leerverluste:
   A. Verluste im Eisen und in der Isolierung (Eisenverluste).
   B. Verluste durch Lüftung, Lager- und Bürstenreibung (Reibungsverluste).

2. Erregerverluste bei Maschinen mit besonderer Erregerwicklung.
   C. Stromwärmeverluste in Nebenschluß- und fremderregten Erregerkreisen (vgl. auch § 55, 1 und 2).
   D. Übergangsverluste an den Erreger-Schleifringen.

3. Lastverluste:
   E. Stromwärmeverluste in Anker- und Reihenschlußwicklungen.
   F. Übergangsverluste an Kommutator und Schleifringen, die Laststrom führen.
   G. Zusatzverluste, das sind alle oben nicht genannten Verluste.

Als Gesamtverlust, der der Berechnung des Wirkungsgrades zugrunde gelegt wird, gilt die Summe aus den Verlusten A bis G.

Der Verlust beim Leerlauf (Leerlaufverlust) ist immer größer als der Leerverlust.

Die nachstehenden Tafeln zeigen die Aufteilung der Verluste.

Verlustverteilung bei Maschinen mit besonderer Erregerwicklung

Gesamtverlust						
Leerlaufverlust			Belastungsverlust			
Leerverlust		Erregerverlust		Lastverlust		
A	B	C	D	E	F	G

Verlustverteilung bei Maschinen ohne besondere Erregerwicklung

Gesamtverlust				
Leerlaufverlust		Belastungsverlust		
Leerverlust		Lastverlust		
A	B	E	F	G

§ 59. Leerverluste.

Die Leerverluste werden nach einem der folgenden Verfahren ermittelt:

1. Motorverfahren: Die Maschine wird leerlaufend als Motor betrieben, und zwar:
   Wechselstrommaschinen bei Nennspannung, Nennfrequenz und Leerlaufdrehzahl,
   Gleichstrommaschinen bei Nennspannung, bei Generatoren zuzüglich oder bei Motoren abzüglich des Ohmschen Spannungsabfalles, und bei Nenndrehzahl,
   Synchronmaschinen werden hierbei auf geringste Stromaufnahme erregt. Die Leistungsaufnahme abzüglich der Stromwärme- und Erregerverluste gilt als Leerverlust.
2. Generatorverfahren: Die Maschine wird im Leerlauf mit Nenndrehzahl durch einen geeichten Hilfsmotor angetrieben und auf Nennspannung erregt. Ihre mechanische Leistungsaufnahme abzüglich der Erregerverluste gilt als Leerverlust. Bei Gleichstrom-Maschinen ist der Ohmsche Spannungsabfall wie unter 1 zu berücksichtigen.

Zur Trennung der Eisen- und Reibungsverluste ist außer dem Verfahren nach 1 auch das Auslaufverfahren geeignet.

§ 60. Erregerverluste.

Die Stromwärmeverluste im Erregerstromkreise werden aus den mit Gleichstrom gemessenen Widerständen berechnet. Bezüglich der Übergangsverluste vgl. § 61_2.

§ 61. Berechnung der Lastverluste.

1. Die Laststromwärmeverluste werden aus den mit Gleichstrom bemessenen Widerständen errechnet. Bei Asynchronmaschinen kann der Stromwärmeverlust in der Sekundärwicklung auch aus der Schlüpfung berechnet werden. Bei Einankerumformern ist der ge-

messene Ankerwiderstand auf die Gleichstromseite zu beziehen; der hieraus berechnete Verlust ist mit folgenden Faktoren zu multiplizieren:

Phasenzahl:	1	2	3	6	12
Zahl der Schleifringe:	2	4	3	6	12
Faktor:	1,45	0,39	0,58	0,27	0,20

2. Die Übergangsverluste werden berechnet, indem man für den Spannungsabfall jeder Bürste
   1 V bei Kohle- und Graphitbürsten,
   0,3 V bei metallhaltigen Bürsten einsetzt.

§ 62. Messung der Lastverluste.

Die Zusatz- und Stromwärmeverluste bei Synchronmaschinen werden nach einem der folgenden Verfahren bestimmt:

1. Kurzschlußverfahren: Die Maschine wird bei kurzgeschlossener Ankerwicklung mit Nenndrehzahl durch einen geeichten Hilfsmotor angetrieben und so erregt, daß der Kurzschlußstrom gleich dem Nennstrom ist. Die Leistungsaufnahme ausschließlich der Reibungs- und Erregerverluste gilt als Summe aus Stromwärme- und Zusatzverlust (Kurzschlußverlust).
   Die Kurzschlußverluste können auch durch das Auslaufverfahren ermittelt werden.
2. Übererregungsverfahren: Die Maschine wird leerlaufend als Motor mit Nennspannung bei Nennfrequenz betrieben und derart übererregt, daß sie den Nennstrom führt. Die Leistungsaufnahme ausschließlich Leer- und Erregerverluste gilt als Stromwärme- und Zusatzverlust.
   Zur Bestimmung der Leerverluste darf das bei der Prüfung vorhandene Feld zugrunde gelegt werden.

§ 63. Zusatzverluste.

Als Zusatzverluste für die übrigen Maschinenarten werden die nachstehend zusammengestellten Annäherungswerte eingesetzt. Die Prozentwerte beziehen sich bei Generatoren auf die Abgabe, bei Motoren auf die Aufnahme, bei Einankerumformern auf die Gleichstromseite. Es wird angenommen, daß sie proportional dem Quadrat der Stromstärke sind.

1. **Kompensierte Gleichstrommaschinen** . . . . . . $^1/_2$ %
2. **Nichtkompensierte Gleichstrommaschinen mit oder ohne Wendepole** . . . . 1 %
3. **Einankerumformer** . . . . $^1/_2$ %
4. **Asynchronmaschinen** . . . . $^1/_2$ %
5. **Kaskadenumformer** . . . . 1 %

§ 64. Übersicht.

Nachstehende Zahlentafel zeigt die zur Ermittlung der Verluste bei den einzelnen Maschinenarten anzuwendenden Verfahren.

	Leerverluste	Erregerverluste		Lastverluste		
		Stromwärme	Stromübergang	Stromwärme	Stromübergang	Zusatzverluste
Gleichstrommaschinen .	§ 59	§ 60	—	§ 61	§ 61	§ 63
Synchronmaschinen . .	§ 59	§ 60	§ 61	§ 62	§ 61	§ 62
Asynchronmaschinen .	§ 59	—	§ 61	§ 61	§ 61	§ 63
Einankerumformer . .	§ 59	§ 60	§ 61	§ 61	§ 61	§ 63
Kaskadenumformer . .	§ 59	§ 60	—	§ 61	§ 61	§ 63

G. Spannung und Spannungsänderung.

§ 65. Spannungsbereich.

Die Maschinen sollen bei Nennleistung und Nennfrequenz, Generatoren auch bei Nenndrehzahl und Nennleistungsfaktor, eine Spannung entwickeln oder mit ihr betrieben werden können, die bis zu $\pm$ 5 % von der Nennspannung abweicht, ohne daß bei den Grenzwerten der Spannung die Erwärmungsgrenzen (siehe § 39) um mehr als 5 °C überschritten werden.

Diese Bestimmung gilt nicht für Gleichstrom-Bahngeneratoren.

§ 66.

Wenn die vom Besteller verlangte Spannung um nicht mehr als $\pm$ 5 % von einer der normalen Nennspannungen nach § 8 abweicht, ist die Maschine mit der normalen Nennspannung auszuführen.

§ 67.

Maschinen für Nennspannungen, die in weiteren Grenzen als $\pm$ 5 % veränderlich sind, unterliegen nicht den Bestimmungen der §§ 65 und 66.

§ 68.

Alle Gewährleistungen beziehen sich auf die Nennspannung.

§ 69. Erregungsfähigkeit.

Generatoren müssen so reichlich bemessen sein, daß sie bei den Nennwerten von Drehzahl, Leistungsfaktor und Erregerspannung bei 25 % Stromüberlastung im betriebswarmen Zustande die Nennspannung erzeugen können.

§ 70.

Spannungsänderung eines Gleichstromgenerators mit Nebenschluß- oder Fremdschlußwicklung ist die Spannungserhöhung, die bei Übergang von Nennbetrieb auf Leerlauf auftritt, wenn

1. die Drehzahl gleich der Nenndrehzahl bleibt,
2. die Bürsten in der für Nennbetrieb vorgeschriebenen Stellung bleiben,
3. bei Selbsterregung der Erregerwiderstand, bei Eigenerregung oder Fremderregung der Erregerstrom ungeändert bleibt.

§ 71.

Spannungsänderung eines Gleichstrom-Doppelschluß-Generators ist der Unterschied zwischen der höchsten und der niedrigsten Spannung, die während des Überganges von Nennbetrieb auf Leerlauf und zurück auf Nennbetrieb auftritt, wenn die im § 70 angegebenen Bedingungen eingehalten werden.

§ 72.

Spannungsänderung eines Synchrongenerators mit Eigen- oder Fremderregung ist die Spannungserhöhung, die bei Übergang von Nennbetrieb auf Leerlauf eintritt, wenn

1. die Drehzahl gleich der Nenndrehzahl bleibt,
2. der Erregerstrom ungeändert bleibt.

Die Spannungsänderung soll 50 % bei $\cos \varphi = 0{,}8$ nicht überschreiten.

§ 73.

Spannungsänderung eines Einanker- oder Kaskadenumformers ist die Gleichspannungserhöhung, die bei Übergang von Nennbetrieb auf Leerlauf auftritt, wenn

1. die der Maschine zugeführte Wechselspannung gleich der Nennspannung bleibt,
2. die Frequenz gleich der Nennfrequenz bleibt,
3. die Bürsten in der für Nennbetrieb vorgeschriebenen Stellung bleiben,
4. bei Selbsterregung der Erregerwiderstand, bei Eigenerregung und Fremderregung der Erregerstrom ungeändert bleibt.

§ 74.

Die Spannungsänderung wird angegeben in Prozenten:

1. der Nennspannung bei Generatoren,
2. der Nenn-Gleichspannung bei Einankerumformern.

§ 75.

Falls die Spannungsänderung nicht gemessen werden kann, ist ihre Berechnung aus der magnetischen Charakteristik zulässig. Bei Umrechnung sind die Widerstände auf 75 °C zu beziehen.

H. Drehzahl und Drehsinn.

§ 76. Drehsinn.

Der Drehsinn einer Maschine, Rechtslauf im Uhrzeigersinn, Linkslauf entgegen dem Uhrzeigersinn, wird bestimmt:

a) Von der dem Kommutator oder der den Schleifringen entgegengesetzten Seite aus, wenn nur ein Kommutator oder Schleifringe auf nur einer Maschinenseite vorhanden sind.

b) Von der Antriebseite (evtl. von derjenigen des stärkeren Wellenstumpfes aus), wenn die Bestimmung unter a) nicht eindeutig ist, also bei zwei Kommutatoren oder Schleifringen auf beiden Maschinenseiten und bei Motoren mit Kurzschlußläufern.

c) Von der Schleifringseite aus, wenn Kommutator und Schleifringe gleichzeitig vorhanden sind und auf verschiedenen Maschinenseiten liegen.

d) Nach besonderer Vereinbarung, wenn die Bestimmungen unter a), b) und c) nicht eindeutig sind.

Als normaler Drehsinn gilt der Rechtslauf. Bei Drehstrommaschinen soll der normale Drehsinn oder der etwa verabredete anormale Drehsinn der zeitlichen Phasenfolge *U V W* an den Klemmen entsprechen.

Die Vorschrift entbindet nicht von der Prüfung der Phasenfolge vor der Inbetriebsetzung.

§ 77.

Wenn Maschinen beliebig für beide Drehrichtungen verwendet werden sollen, so muß dies besonders vereinbart werden. Für solche, die für beide Drehrichtungen verschiedene Bürstenstellungen erfordern, sind beide Bürstenstellungen dauerhaft kenntlich zu machen.

§ 78. Drehzahländerung.

Drehzahländerung eines Motors mit Nebenschlußverhalten ist die Drehzahlerhöhung bei Übergang von Nennbetrieb auf Leerlauf, wenn Spannung und Frequenz ungeändert bleiben.

§ 79. Schleuderprobe.

Nachstehende Tafel enthält die Schleuderdrehzahl für

die Schleuderprobe; diese Drehzahl soll während 2 min aufrecht erhalten werden.

Die Schleuderprobe gilt als bestanden, wenn sich keine schädlichen Formänderungen zeigen und die Spannungsprobe nach § 50 nachträglich ausgehalten wird.

Reihe	Maschinengattung	Schleuderdrehzahl
1	Generatoren außer Reihe 2 u. 3	1,2 × Nenndrehzahl
2	Generatoren für Wasserturbinenantrieb	1,8 × Nenndrehzahl
3	Generatoren für Dampfturbinenantrieb	1,25 × Nenndrehzahl
4	Einanker- und Kaskadenumformer	1,2 × Nenndrehzahl
5	Motoren für gleichbleibende Drehzahl	1,2 × Leerlaufdrehzahl
6	Motoren mit Drehzahlstufen	1,2 × höchste Leerlaufdrehzahl
7	Motoren mit Drehzahlregelung	1,2 × höchste Leerlaufdrehzahl
8	Motoren mit Reihenschlußverhalten	1,2 × der auf dem Schild gestempelten Höchstdrehzahl, mindestens aber 1,5 × Nenndrehzahl

Bei Dampfturbinen ist ein Dampfschnellschlußventil anzuwenden, das bei 10 % Überschreitung der Nenndrehzahl anspricht.

J. Schild.

§ 80. Allgemeines.

Jede Maschine muß ein „Leistungsschild“ besitzen, auf dem die nachstehend aufgezählten allgemeinen und die in § 81 zusammengestellten zusätzlichen Angaben deutlich lesbar sind. Das Schild soll so angebracht sein, daß es auch im Betriebe bequem abgelesen werden kann. Die allgemeinen Angaben sind:

1. Fabrikant oder Ursprungszeichen (falls nicht ein besonderes Firmenschild angebracht wird).
2. Modellbezeichnung oder Listennummer.
3. Fabriknummer.

§ 81. Zusätzliche Angaben.

Die zusätzlichen Angaben auf dem Leistungsschilde sind in der nachstehenden Tafel zusammengestellt und im § 82 erläutert.

Die hier nicht angeführten Maschinenarten müssen solche zusätzlichen Angaben erhalten, daß ohne Nachmessung erkannt werden kann, ob sie für ein bestimmtes Netz und eine bestimmte Arbeitsleistung geeignet sind.

Spalte	I	II	III	IV
Reihe	Gleichstrom-maschinen	Synchron-maschinen	Asynchron-maschinen	Einanker- u. Kaskadenumformer
1	Verwendungsart	Verwendungsart	Verwendungsart	Verwendungsart
2	Nennleistung	Nennleistung	Nennleistung	Nennleistung
3	Betriebsart	Betriebsart	Betriebsart	Betriebsart
4	Nennspannung	Nennspannung	Nennspannung Läuferspannung	Nenngleichspannung Nennwechselspannung
5	Nennstrom	Nennstrom	Nennstrom Läuferstrom	Nenngleichstrom Nennwechselstrom-
6	Nenndrehzahl	Nenndrehzahl	Nenndrehzahl	Nenndrehzahl
7	—	Nennfrequenz	Nennfrequenz	Nennfrequenz
8	—	Nennleistungsfaktor	Nennleistungsfaktor	Nennleistungsfaktor
9	Bei Eigen- und Fremderregung Nennerregerspannung	Bei Eigen- und Fremderregung Nennerregerspannung	—	Bei Eigen- und Fremderregung Nennerregerspannung
10	Erregerstrom bei Nennbetrieb bei Generatoren und bei Motoren für Drehzahlregelung	Erregerstrom bei Nennbetrieb	—	Erregerstrom bei Nennbetrieb
11	—	Schaltart der Ständerwicklung	Schaltart der Ständerwicklung	—
12	—	—	Schaltart der Läuferwicklung	Schaltart der Läuferwicklung

§ 82. Bemerkungen zu vorstehender Tafel.

Zu 1. Als Verwendungsart müssen Stromart und Arbeitsweise angegeben werden, wobei folgende Abkürzungen zulässig sind:

A. **Stromart**

Gleichstrom	G
Einphasenstrom	E
Zweiphasenstrom	Z
Drehstrom	D
Sechsphasenstrom	S

B. **Arbeitsweise**

Generator	**Gen.**
Motor	**Mot.**
Phasenschieber	**Phas.**
Einankerumformer	**E. U.**
Kaskadenumformer	**K. U.**

Zu 2. Unter Nennleistung ist anzugeben:

A. Abgabe in kW bei sämtlichen Motoren, ferner bei Gleichstrom- und Asynchrongeneratoren sowie Wechselstrom-Gleichstrom-Einankerumformern,

B. Scheinbare Leistung in kVA, d. h.

$$\frac{\text{Abgabe in kW}}{\text{Nennleistungsfaktor}}$$

bei
Synchrongeneratoren,
Synchronphasenschiebern,
Gleichstrom/Wechselstrom-Einankerumformern.

Zu 3. Die Betriebsart wird in folgender Weise gekennzeichnet:

A. Dauerbetrieb: Kein Vermerk,

B. Kurzzeitiger Betrieb: KB und vereinbarte Betriebszeit,

C. Aussetzender Betrieb: AB und relative Einschaltdauer.

Zu 4. Als Wechselspannung ist bei Wechselstrom-Gleichstrom-Einankerumformern die höchste Spannung zwischen zwei Schleifringen bei Nennbetrieb anzugeben.

Zu 5. Stromangaben können abgerundet werden (da sie nicht zur Bewertung der Maschine dienen). Angaben über den Strom von Motoren, Asynchrongeneratoren und Einankerumformern sind als angenähert zu betrachten.

Die Abrundung kann betragen:
bei kleineren Motoren etwa 2 bis 3 %,
bei größeren Maschinen höchstens 1 %.

Zu 6 Angaben über die Drehzahl von Gleichstrom- und Asynchronmotoren sind als angenähert zu betrachten.

Bei Motoren, die nur in einer Drehrichtung benutzt werden sollen und bei denen eine Änderung der Drehrichtung nur durch konstruktive Änderungen oder Änderung der inneren Maschinenschaltung möglich ist, ist der Drehzahlangabe

ein Pfeil → mit Spitze nach rechts für Rechtslauf,
ein Pfeil ← mit Spitze nach links für Linkslauf

hinzuzufügen.

Es empfiehlt sich, den Drehrichtungspfeil auch noch auf der Stirn des freien Wellenendes anzubringen.

Umsetzen der Bürstenhalter ist als konstruktive Änderung anzusehen, nicht aber die Verschiebung der Bürsten.

Bei Motoren mit Reihenschlußverhalten ist die höchstzulässige Drehzahl anzugeben.

Bei Maschinen für Wasserturbinenbetrieb ist die höchstzulässige Drehzahlsteigerung anzugeben, z. B. 500 + 80 %.

Zu 8. Bezüglich Leistungsfaktor vgl. § 22: der Leistungsfaktorangabe ist das Zeichen „u“ (untererregt) hinzuzufügen bei:

Synchrongeneratoren, die voreilenden kapazitiven Blindstrom liefern sollen, und

Synchronmotoren und Phasenschiebern, die nacheilenden induktiven Blindstrom aufnehmen sollen.

Die Leistungsfaktorangaben von Asynchronmaschinen sind als angenähert zu betrachten.

Zu 10. Die Angaben für den Erregerstrom bei Nennbetrieb sind als angenähert zu betrachten, da sie nur zur Bemessung der Leistungen dienen. Nur Stromstärken über 10 A brauchen angegeben zu werden.

Zu 11. Die Kennzeichnung der Schaltart erfolgt durch die nachstehenden Zeichen:

Einphasen	
Einphasen mit Hilfsphase	⊥
Zweiphasen verkettet	┌
Zweiphasen unverkettet (Vierphasen)	+
Dreiphasen-Stern	⅄
Dreiphasen-Stern mit herausgeführtem Nullpunkt	⅄ mit Nullpunkt
Dreiphasen-Dreieck	△
Dreiphasen offen	|
Durchmesserspannung	Φ
n-phasig	|n

Zu 12. Bei Dreiphasenläufern bleibt der Vermerk fort.

3*

§ 83. Mehrfache Stempelungen.

Bei Maschinen, die für zwei oder mehr Nennbetriebe bestimmt sind, sind für alle Nennbetriebe entsprechende Angaben zu machen, nötigenfalls auf mehreren Schildern.

Wenn eine Maschine in einem Spannungsbereich arbeitet, der den im Abschnitt G §§ 65 und 66 festgesetzten Bereich überschreitet, so sind die Grenzspannungen und die ihnen zugehörigen Angaben zu vermerken.

Bei Motoren für zwei Drehzahlen sind die Grenzzdrehzahlen und die ihnen zugehörigen Angaben zu vermerken.

§ 84. Umwicklung von Maschinen.

Wird die Wicklung einer Maschine von einem anderen als dem Hersteller der Maschine geändert (teilweise oder vollständige Umwicklung, Umschaltung oder Ersatz), so muß die ändernde Firma neben dem Ursprungsschilde ein Schild anbringen, das den Namen der Firma, die neuen Angaben der Maschine nach § 80 u. f. und die Jahreszahl der Änderung enthält.

§ 85. Kleinmotoren.

Bei Motoren bis einschließlich 200 W Nennleistung sind nur folgende zusätzliche Angaben zu machen:

Verwendungsart	**Nennstrom,**
Nennleistung,	**Frequenz,**
Nennspannung,	**Nenndrehzahl.**

Bei Kleinmotoren, die mit der Arbeitsmaschine zusammengebaut sind, kann die Angabe der Nennleistung auf die Arbeitswelle bezogen werden oder wegfallen.

§ 86. Fremdlüftung und Wasserkühlung.

Bei Maschinen mit Fremdlüftung oder mit Wasserkühlung ist ein Schild mit folgenden Angaben anzubringen:

1. Erforderliche Menge des Kühlmittels bei Nennbetrieb, und zwar in m^3/s bei Luft, in l/min bei Wasser.
2. Luftpressung in mm Wassersäule, die für die Maschine selbst benötigt wird.
3. Höchstzulässige Eintrittstemperatur, falls sie nicht 35 °C beträgt.

K. Toleranzen.

§ 87. Allgemeines.

Toleranz ist die höchstzulässige Abweichung des festgestellten Wertes von dem nach den Bestimmungen dieser Regeln gewährleisteten Werte. Sie soll die unvermeidlichen Ungleichmäßigkeiten in der Beschaffenheit der Rohstoffe, Ungenauigkeiten der Fertigung und Meßfehler decken.

Reihe	Gewährleistungen für	Toleranzen
1	Drehzahl von Gleichstrom-Nebenschlußmotoren	Nennleistung bis einschl. 1.1 kW ± 10% über 1,1 bis einschl. 11 kW ± 7,5% „ 11 kW ± 5% der Nenndrehzahl
2	Drehzahl von Reihenschlußmotoren	Nennleistung bis einschl. 1,1 kW ± 15% über 1,1 bis 11 kW ± 10% „ 11 kW ± 7%
3	Drehzahländerung von Gleichstrommotoren	10% der gewährleisteten Drehzahländerung
4	Drehzahl von Asynchronmotoren	20% der Sollschlüpfung
5	Wirkungsgrad η	$\frac{1-\eta}{10}$ aufgerundet auf $\frac{1}{1000}$; mindestens aber 0,01
6	Leistungsfaktor $\cos\varphi$ von Asynchronmaschinen	$\frac{1-\cos\varphi}{6}$ aufgerundet auf $\frac{1}{100}$; mindestens aber 0,02
7	Spannungsänderung von Generatoren	± 5% der Nennwertung
8	Spannungsänderung von Einankerumformern von Kaskadenumformern	± 1% der Nennspannung ± 3% „ „
9	Stoßkurzschlußstrom von Synchronmaschinen	20% des Sollwertes
10	Dauerkurzschlußstrom von Synchronmaschinen	15% des Sollwertes
11	Kippmoment von Motoren	10% dieses Momentes
12	Anlaufmoment von Motoren	10% des Sollwertes

Kurzes Lehrbuch der Elektrotechnik. Von Dr. **Adolf Thomälen,** a. o. Professor an der Technischen Hochschule Karlsruhe. Neunte, verbesserte Auflage. Mit 555 Textbildern. 1922. Gebunden GZ. 9

Hilfsbuch für die Elektrotechnik. Unter Mitwirkung von Fachleuten bearbeitet und herausgegeben von Prof. Dr. **Karl Strecker,** Geh. Oberpostrat, Berlin. Zehnte, umgearbeitete Auflage. In drei Teilen. In Vorbereitung.

Die wissenschaftlichen Grundlagen der Elektrotechnik. Von Prof. Dr. **Gustav Benischke.** Sechste, vermehrte Auflage. Mit 633 Abbildungen im Text. 1922. Gebunden GZ. 15

Die Elektrotechnik und die elektromotorischen Antriebe. Ein elementares Lehrbuch für technische Lehranstalten und zum Selbstunterricht. Von Dipl.-Ing. **Wilhelm Lehmann.** Mit 520 Textabbildungen und 116 Beispielen. 1922. Gebunden GZ. 9

Kurzer Leitfaden der Elektrotechnik für Unterricht und Praxis in allgemeinverständlicher Darstellung. Von Ingenieur **Rud. Krause.** Vierte, verbesserte Auflage, herausgegeben von Prof. **H. Vieweger.** Mit 375 Textfiguren. 1920. Gebunden GZ. 6

Aufgaben und Lösungen aus der Gleich- und Wechselstromtechnik. Ein Übungsbuch für den Unterricht an technischen Hoch- und Fachschulen sowie zum Selbststudium. Von Prof. **H. Vieweger.** Achte Auflage. Mit 210 Textfiguren und 2 Tafeln. 1923. GZ. 4; gebunden GZ. 5

Anleitungen zum Arbeiten im Elektrotechnischen Laboratorium. Von **E. Orlich.** Erster Teil. Mit 74 Textbildern. 1923. GZ. 2

Comparison of Principal Points of Standards for Electrical Machinery. (Rotating Machines and Transformers). By Dipl.-Ing. **Friedrich Nettel,** Charlottenburg. 1923. GZ. 2.25; gebunden GZ. 3

Die Grundzahlen (GZ.) entsprechen den ungefähren Vorkriegspreisen und ergeben mit dem jeweiligen Entwertungsfaktor (Umrechnungsschlüssel) vervielfacht den Verkaufspreis. Über den zur Zeit geltenden Umrechnungsschlüssel geben alle Buchhandlungen sowie der Verlag bereitwilligst Auskunft.

Verlag von Julius Springer in Berlin W 9

Theorie der Wechselströme. Von Dr.-Ing. **Alfred Fraenckel.** Zweite, erweiterte und verbesserte Auflage. Mit 237 Textfiguren. 1921. Gebunden GZ. 11

Ankerwicklungen für Gleich- und Wechselstrommaschinen. Ein Lehrbuch. Von Prof. **Rudolf Richter,** Karlsruhe. Mit 377 Textabbildungen. Berichtigter Neudruck. 1922. Gebunden GZ. 11

Die Hochspannungs-Gleichstrommaschine. Eine grundlegende Theorie. Von Elektro-Ingenieur Dr. **A. Bolliger,** Zürich. Mit 53 Textfiguren. 1921. GZ. 2

Die Berechnung von Gleich- und Wechselstromsystemen. Neue Gesetze über ihre Leistungsaufnahme. Von Dr.-Ing. **Fr. Natalis.** Mit 19 Textfiguren. 1920. GZ. 1

Die symbolische Methode zur Lösung von Wechselstromaufgaben. Einführung in den praktischen Gebrauch. Von **Hugo Ring,** Ingenieur der Firma Blohm & Voß, Hamburg. Mit 33 Textfiguren. 1921. GZ. 2.3

Elektrotechnische Meßkunde. Von Dr.-Ing. **P. B. Arthur Linker.** Dritte, völlig umgearbeitete und erweiterte Auflage. Mit 408 Textfiguren. Unveränderter Neudruck. 1923. Gebunden GZ. 11

Elektrotechnische Meßinstrumente. Ein Leitfaden. Von **Konrad Gruhn,** Oberingenieur und Gewerbestudienrat. Zweite, vermehrte und verbesserte Auflage. Mit 321 Textabbildungen. 1923. Gebunden GZ. 5.8

Messungen an elektrischen Maschinen. Apparate, Instrumente, Methoden, Schaltungen. Von **Rud. Krause †.** Fünfte, vermehrte und verbesserte Auflage von **Georg Jahn,** Dipl.-Ing. Mit etwa 250 Textabbildungen. Erscheint im Sommer 1923

Die Grundzahlen (GZ.) entsprechen den ungefähren Vorkriegspreisen und ergeben mit dem jeweiligen Entwertungsfaktor (Umrechnungsschlüssel) vervielfacht den Verkaufspreis. Über den zur Zeit geltenden Umrechnungsschlüssel geben alle Buchhandlungen sowie der Verlag bereitwilligst Auskunft.

GPSR Compliance

The European Union's (EU) General Product Safety Regulation (GPSR) is a set of rules that requires consumer products to be safe and our obligations to ensure this.

If you have any concerns about our products, you can contact us on ProductSafety@springernature.com

In case Publisher is established outside the EU, the EU authorized representative is:

Springer Nature Customer Service Center GmbH
Europaplatz 3
69115 Heidelberg, Germany

Batch number: 10682427

Printed by Printforce, the Netherlands